NOUVEL APPAREIL
DE
VAPORISATION.

GÉNÉRATEUR, NOUVELLE POMPE D'INJECTION,
RÉGULATEUR ALIMENTAIRE,
APPAREIL MANOMÉTRIQUE D'INDICATION, D'AVERTISSEMENT,
DE SURETÉ, ET RÉGULATEUR DU FOYER;
APPLICATION AUX CHAUDIÈRES DE LOCOMOTION.

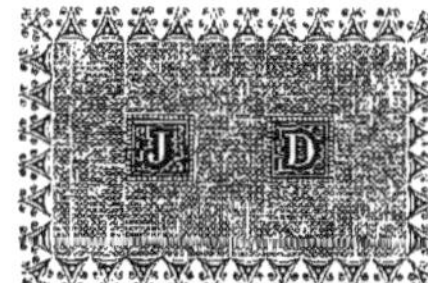

PARIS,

IMPRIMERIE ET FONDERIE DE JULES DIDOT L'AINÉ,
BOULEVART D'ENFER, N° 4.

1841.

NOUVEL APPAREIL

DE

VAPORISATION.

NOUVEL APPAREIL

DE

VAPORISATION.

GÉNÉRATEUR, NOUVELLE POMPE D'INJECTION,
RÉGULATEUR ALIMENTAIRE,
APPAREIL MANOMÉTRIQUE D'INDICATION, D'AVERTISSEMENT,
DE SURETÉ, ET RÉGULATEUR DU FOYER;
APPLICATION AUX CHAUDIÈRES DE LOCOMOTION.

PARIS,

IMPRIMERIE ET FONDERIE DE JULES DIDOT L'AINÉ,
BOULEVART D'ENFER, N° 4.

1841.

AVANT-PROPOS.

Notre but est de remédier aux nombreux inconvénients qu'on rencontre dans les appareils qui servent à la production de la vapeur : pour l'atteindre, nous avons apporté des modifications au générateur.

Ce n'est pas assez de produire la vapeur avec plus ou moins de facilité, de sécurité et d'économie, il faut encore obtenir une alimentation régulière ; nous espérons y parvenir au moyen d'une nouvelle pompe alimentaire : il faut aussi connaître l'état de l'intérieur de la chaudière. Nous avons recours pour cela à un nouveau manomètre, qui nous paraît d'un usage plus sûr et plus commode que ceux qui ont été employés jusqu'à présent : il indique la pression de la vapeur, il avertit quand elle est arrivée à un point fixé, et il remédie de lui-même à un excès de tension.

Les machines à vapeur sont parvenues à un grand degré de perfection; cependant les appareils générateurs, qui en forment une partie importante, sont encore susceptibles de quelques modifications. C'est dans cette vue que nous nous sommes livrés à des recherches particulières : notre longue pratique comme constructeurs, les nombreuses observations qu'elle nous a mis à même de faire, nous ont guidés et puissamment aidés dans ces recherches, qui nous ont conduits à la combinaison des divers appareils que nous allons décrire. Nos expériences sur la formation de la vapeur, sur l'emploi du combustible, et notre manière de concevoir les explosions, ont motivé le système de chaudière que nous proposons, et que nous croyons propre à éviter les accidents.

NOUVEL APPAREIL

DE VAPORISATION.

DESCRIPTION.

La modification principale que nous avons apportée aux chaudières consiste dans l'introduction à l'intérieur d'un deuxième vase ou bassin, *a*, pl. I et II, qui a à peu près la forme d'un écusson lorsque la chaudière est cylindrique. Ce bassin est séparé de la chaudière, dans la partie inférieure, par un intervalle de 3 à 4 centimètres.

Toute la capacité du bassin déplace le volume d'eau que contiendrait la chaudière; cet espace est rempli par la vapeur qui pénètre dans le bassin par les deux tubulures *n*, l'eau occupe seulement l'intervalle entre la chaudière et le bassin: elle est ainsi réduite à une couche de 4 à 5 centimètres d'épaisseur.

Nous disposons le foyer de façon que tout le combustible soit renfermé dans une voûte en briques dont les dimensions sont combinées de manière que le charbon la remplisse entièrement; l'effet de cette disposition est de rendre la combustion plus complète: ainsi la fumée et les gaz inflammables sont forcés de passer à travers le combustible en ignition. Les parois formées par les briques ont une température très élevée, qui sollicite le dégagement de ces gaz comme le ferait une cornue. On évite enfin, par ce moyen, de faire entrer de l'air par la porte du foyer, puisque le charbon remplit toute la capacité, et de donner des *coups de feu* qui brûlent les chaudières ou occasionnent leur rupture.

Supposons maintenant le foyer en activité : les produits de la combustion, en sortant de la grille, passeront par la galerie *f*, reviendront par les deux galeries *g*, enfin s'en iront dans la cheminée par les galeries *h*.

La partie la plus basse de la chaudière est en contact avec la galerie *f*, elle recevra ainsi l'action calorifique la plus vive ; la couche d'eau contenue dans cette partie, en raison de son peu d'épaisseur se réduira presque entièrement en vapeur qui prendra, en s'élevant, la direction de l'intervalle.

L'eau en contact avec les points de la chaudière qui reçoivent l'action des produits de la combustion par les galeries *g* se vaporisera également, et prendra encore pour s'élever la direction de l'intervalle ; la vapeur, formée d'abord vers la galerie *f*, trouvera donc un courant semblable au sien : à mesure qu'elle s'élève, elle rencontre aussi des parois échauffées qui achèvent la réduction en vapeur des parties liquides qu'elle entraîne.

La conséquence de ce mouvement du liquide est de causer un grand frottement dans l'intervalle et de dégager la vapeur aussitôt sa formation. L'interposition des bulles de vapeur, lors de leur ascension, raréfie et augmente le volume du liquide, qui s'appuie alors, avec plus d'énergie encore, contre les deux surfaces ; la vapeur qui se génère sur l'une d'elles a donc à subir un déplacement qu'exige ce frottement : ainsi l'adhésion ordinaire des globules, loin d'être favorisée par le poids et l'immobilité de l'eau, est détruite, au contraire, par son frottement, dont la direction se combine avec celle que doit prendre la vapeur en raison de sa densité.

Les chaudières ordinaires contiennent des masses d'eau considérables, que nous jugeons inutiles : il est évident que la vapeur ne se forme que sur les parois de la chaudière exposées à l'action de la chaleur, l'eau utile se réduit donc à celle qui est en contact avec ces parois; le reste est un obstacle au dégagement de la vapeur qui doit la traverser et dont elle gêne la production. On jugera mieux de l'inutilité des masses d'eau par un exemple.

Si nous supposons un générateur de 8 décimètres de diamètre et de 5 mètres de long, correspondant à peu près à une force de 6 chevaux (à 4 atmosphères), la quantité d'eau qu'il contiendra étant un peu plus de la moitié de la capacité intérieure sera égale à 1400 litres ; la puissance de vaporisation de cet appareil ne dépassera pas 200 litres à l'heure, il faudra donc 7 heures pour faire disparaître par le fait seul de la vaporisation les 1400 litres contenus : encore faut-il supposer que la surface de chauffe ne diminue pas en même temps que le niveau de l'eau, ce qui n'est pas.

Si on reste pendant trois heures sans alimenter, on aura fait disparaître 600 litres d'eau; et il en restera encore 800 litres : mais on aura dégarni de liquide une grande partie de la surface de chauffe, qui pourra acquérir alors une température excessive malgré la présence de ces 800 litres d'eau qui restent immobiles dans le fond de la chaudière, et deviennent le motif d'un sinistre si une cause quelconque les met en contact avec ces parois si échauffées. Ceci permet de dire que cette eau non seulement est inutile mais encore dangereuse.

Notre modification a détruit ce grave inconvénient, l'eau est réduite à une couche mince en contact avec les parois génératrices; l'extérieur du bassin *a*, dont la forme détermine la position du liquide, le dirige en même temps et continuellement sur les parois de la chaudière : la quantité d'eau que contient notre appareil, toute petite qu'elle puisse devenir, agira donc, dans la production de la vapeur, en recouvrant sans cesse les parties échauffées, qui ne pourront ainsi acquérir une température dangereuse.

La raréfaction du liquide, par l'interposition des bulles de vapeur, vient ajouter à l'effet du bassin : l'augmentation de volume qui en résulte et que nous avons déjà indiquée, et en même temps la division que ces bulles produisent, servent à appliquer plus complétement encore le liquide sur les parois génératrices; cette division crée en outre une infinité de points de contact qui n'existeraient pas sans elle, et par où se fait une absorption facile de la chaleur.

Cette division mécanique du liquide ne peut manquer d'être utile d'ailleurs, puisqu'elle commence une opération que doit achever l'action physique de la chaleur; elle contribue encore à la direction de l'ébullition dans l'intervalle, d'où suit un espèce de mouvement circulaire qui dispose le liquide en lames très minces qui se mettent successivement en contact avec les parois génératrices : l'effet est tel, que, pour une chaudière égale en dimension à celle qui nous a déjà servi d'exemple, 5o litres suffiraient au revêtissement de la surface de chauffe.

Toute l'eau soulevée et portée sur les parois de chauffe ne peut être réduite en vapeur dans le moment même; une partie de cette eau doit donc retourner vers les parois : il importe que ce retour

ne se fasse pas par l'endroit même où se forme la vapeur et par où
elle doit se dégager. C'est pour remplir cette condition que nous
avons donné au bassin la forme d'un écusson : l'eau soulevée et
non vaporisée retombe sur le tablier que forme la partie rentrée
du bassin et regagne le fond de la chaudière soit par ses deux
extrémités, soit par les cylindres z qui n'ont pas d'autre destina-
tion; ce retour produit un courant longitudinal au fond de la
chaudière, courant qui complète le système d'agitation du liquide en même temps qu'il le dispose à retourner dans l'intervalle en le soumettant de nouveau à l'action de la chaleur. Ainsi,
le liquide s'élèvera et se vaporisera en partie; celui qui aura con-
servé son état retournera dans le fond de la chaudière sans gêner
en rien l'émission de la vapeur formée.

Nous avons dit en parlant du bassin a que tout son intérieur
était livré à la vapeur qui y pénétrait par les tubulures n, le but
principal de cette disposition est : 1° de séparer entièrement l'eau
de la vapeur sans qu'elles puissent jamais se mettre en contact,
2° de doubler le magasin de vapeur, 3° de produire une circulation dans la vapeur qui serve à établir l'égalité de température
de tous les points et en même temps à précipiter les parties liquides qu'elle pourrait contenir.

La séparation de l'eau et de la vapeur est évidente, elles ne
pourraient se mettre en contact que par les extrémités de l'intervalle; et une très petite portion de l'eau atteint ces extrémités :
encore est-elle ramenée par sa gravité, ainsi que par la disposition
du bassin, vers le fond de la chaudière.

Le magasin de vapeur est doublé; l'examen du dessin suffit
pour le comprendre : le bassin déplace une grande partie du liquide, dont l'espace est rempli par la vapeur.

La circulation est établie dans la vapeur, puisqu'elle doit s'élever, à sa sortie de l'intervalle, dans la partie supérieure de la chaudière; elle se rend, par un mouvement longitudinal, vers les deux tubulures n, elle pénètre ensuite dans le bassin par ces deux tubulures et en s'abaissant : un second mouvement longitudinal la conduit vers la tubulure n' qui sert de prise de vapeur, et par laquelle elle sort en s'élevant une seconde fois.

Ces trois effets, indépendants de la production de vapeur, suffiraient à la sécurité d'un appareil. La séparation des deux fluides en rend la combinaison impossible pour le cas où un défaut d'alimentation aurait permis l'emmagasinement de la chaleur dans la vapeur qui aurait été en contact avec les parois génératrices. Le réservoir de vapeur étant doublé, une production de vapeur sera moins sensible : ainsi celle qui suffirait à porter à 12 atmosphères la tension de la vapeur dans une chaudière ordinaire n'en déterminerait qu'une de 6 atmosphères si elle avait reçu notre modification, limite dans laquelle il n'y a rien à craindre. Enfin la circulation et par suite l'équilibre de la température de la vapeur, en précipitant ou vaporisant les parties liquides qu'elle peut contenir, détruisent une cause de production anormale, qui dans certains cas peut avoir quelque énergie.

Jusqu'à présent, nous n'avons rapporté les différents effets produits par notre appareil qu'à l'inexplosivité. Notre mode de vaporisation n'a servi qu'à détruire l'adhérence des globules, à favoriser leur dégagement; à mettre de l'eau en contact avec les parois quelle que soit sa quantité dans la chaudière, enfin à tellement utiliser la chaleur acquise par la surface de chauffe qu'il lui soit impossible d'acquérir une température de beaucoup supérieure à celle de l'eau et de la vapeur qu'elle contient : c'est cet ensemble de faits que nous considérons comme devant avoir pour résultat l'inexplosivité.

Nous pensons cependant que ces différents résultats peuvent aussi amener une meilleure utilisation du combustible : la manière dont la vapeur se forme et se dégage doit avoir de l'influence ; et il nous semble que dans ce cas les appareils les plus propres à éviter l'explosion sont aussi les plus économiques.

Notre méthode de vaporisation a pour principal effet d'enlever la quantité de chaleur que possèdent les parois, aussi vite que le permet leur puissance émissive ; ne doit-il pas en résulter que ces parois seront sollicitées à absorber une plus grande quantité de calorique, prise sur les produits pyrophores, que si une faible transmission leur permettait de conserver leur température ?

Nous avons pensé ainsi, et notre espoir d'obtenir une économie par une bonne méthode de vaporisation a été encore fortifié par notre observation qui nous a fait voir que la moitié de l'effet du combustible était perdue par la cheminée[1].

Les expériences que nous avons faites avec des chaudières de petites dimensions, 1 mètre de long et 15 centimètres de dia-

---

[1] Reprenons la supposition d'une chaudière d'une force de 6 chevaux : la section minimum du passage dans la cheminée sera de 3 décimètres de surface. En multipliant cette surface par la vitesse de 2 mètres par '', on aura pour une heure un cube d'air chaud et de fumée de 216 mètres qui passera par la cheminée et dont la température sera de 250 à 600 °. On brûlera pendant ce temps sous la chaudière 24 kilogrammes de charbon qui dégageront un cube d'air chaud et de fumée de 288 mètres à une température de 6 à 800° : l'effet utile serait donc exprimé par

$$288 \times 800° - 216 \times 250 = \frac{75}{100}.$$

Mais il s'en faut encore que le chiffre atteint en pratique soit aussi avanta-

mètre, ont pleinement confirmé nos prévisions. Les deux chaudières, l'une ordinaire, et l'autre modifiée, étaient renfermées
dans un seul fourneau ; elles avaient chacune leur foyer mais la
cheminée était commune : pour rendre les choses plus égales encore, nous avons modifié l'intérieur de chacune d'elles, tour à
tour, sans déranger leur position sur le fourneau ; le combustible
était mesuré et pesé.

L'avantage a toujours été à la chaudière modifiée, qui, à dépense égale de combustible, vaporisait en plus une quantité d'eau
qui a varié de $\frac{2}{10}$ à $\frac{4}{10}$. Nos expériences ont été faites pendant
trois mois et par toutes les variations de l'atmosphère.

Nous devons faire remarquer que la chaudière modifiée don-
nait de la vapeur presqu'immédiatement, il fallait quatre fois
plus de temps pour l'obtenir dans l'ancienne ; mais nous ne mesu-
rions notre opération que du moment où les deux chaudières
étaient arrivées à la tension fixée, tension que nous avons élevée
quelquefois jusqu'à 7 atmosphères.

geux que nous le supposons ici, il ne dépasse jamais les $\frac{60}{100}$ de l'effet obtenu
dans les laboratoires ; cela tient à ce que la température dans la cheminée est
bien plus élevée que celle que nous avons prise, et que la vitesse est plus
grande que celle qui nous a servi de base.

En supposant la température des produits à leur entrée dans la cheminée
$= 300°$ et celle du foyer $= 600°$, la perte correspondrait à 9 kilogrammes
ou l'effet utile ne serait plus que $= \frac{63}{100}$; elle serait de 12 kilogrammes ou
l'effet utile $= à \frac{50}{100}$ si la température de la sortie était de 400°, ce qui a ordinairement lieu.

Nous espérons obtenir les mêmes résultats économiques et inexplosifs dans les applications en grand, ils se déduisent, en effet, de circonstances qui doivent se trouver les mêmes.

Nous mentionnons ici une disposition particulière que nous avons adoptée pour notre appareil; elle consiste à envelopper la partie supérieure de la chaudière des produits de la combustion qui passent par les galeries *h* : notre but est de produire une augmentation dans la température de la vapeur qui servira à la vaporisation des parties liquides qu'elle pourrait contenir encore; nous voulons aussi fournir au refroidissement dans les tuyaux et dans les cylindres des machines sans qu'il s'ensuive un affaiblissement dans la tension.

On comprend tout l'avantage qu'on peut, dans la pratique, retirer de cet excès de chaleur acquis sans addition de combustible, et que notre appareil rend sans danger.

***

DE L'ALIMENTATION.

Les appareils servant à l'alimentation des chaudières à vapeur se réduisent à deux systèmes : l'un est intermittent, et se fait au moyen de colonnes alimentaires contenant un jeu de flotteurs et de soupapes qui fonctionnent par l'abaissement du niveau dans la chaudière; l'autre système est continu, et se compose tout simplement d'une pompe d'injection à piston plongeur.

Le premier système ne peut s'appliquer qu'aux chaudières à basse pression, pour celles d'une tension plus élevée la colonne deviendrait tellement haute que son service serait impraticable; sa manière intermittente de fonctionner a, d'ailleurs, des in-

convénients qui le font généralement rejeter malgré le grand
avantage qu'il possède exclusivement, d'être dépendant du niveau de l'eau dans la chaudière.

Il entre à chaque alimentation, avec ce système, des quantités
d'eau si considérables, que tout l'intérieur change d'état, soit par
la pression, soit par la température que leur introduction mo-
difie; il s'ensuit naturellement une grande irrégularité dans la
marche de la machine, ce qui est intolérable dans la plupart des
applications : il en résulte aussi des dépressions qui peuvent être
assez sensibles pour donner occasion aux phénomènes explosifs
d'agir. Nous avons vu de ces appareils ne fonctionner que tous
les quarts d'heure, même toutes les demi-heures; on doit juger
par là de la perturbation que doit causer cette admission brusque
du liquide.

La seconde manière d'alimenter directement par l'injection
d'une pompe à piston plongeur est devenue presque générale ;
son jeu continuel évite les inconvénients de l'alimentation intermittente, qui seraient bien plus graves pour les chaudières à
haute pression en raison de leur petite dimension : mais aussi ce
mode alimentaire est privé de tout moyen régulateur, il lui faut
absolument la surveillance et la main d'un ouvrier qui, d'après
l'inspection du flotteur, ouvre, plus ou moins, le robinet d'aspiration de la pompe ; cette surveillance doit être continuelle et se
lier avec celle que nécessitent le jeu des flotteurs et celui de la
pompe.

Il ne dépend pas toujours de la volonté du conducteur d'une
machine, de mettre de l'eau dans sa chaudière ; les pompes d'injection refusent souvent le service : leurs clapets, ou soupapes,
sont les causes principales et, on peut le dire, uniques de leur

non-fonctionnement, soit que par leur chute sur leur siège ils dérangent leur ajustement primitif, soit que cet ajustement ait toujours été vicieux , soit enfin que leur soulévement permette l'intercalation de corps étrangers qui empêchent leur contact parfait. Ils sont en outre sujets à se *coller* sur leur siège par l'effet d'une altération moléculaire, et ne fonctionnent jamais convenablement s'il y a introduction dans le liquide du moindre corps gras.

Ainsi l'alimentation continuelle par la pompe d'injection présente deux inconvénients majeurs, d'abord d'être très incertaine, puisque le fonctionnement de la pompe peut cesser, et ensuite d'être arbitraire et indépendante du niveau de l'eau dans la chaudière.

Pour tous les systèmes de chaudière ce qui est important, c'est d'alimenter régulièrement. La régularisation de l'alimentation dépendante du niveau de l'eau a cet avantage principal, de n'être pas sous la conséquence d'un oubli ou d'un défaut d'indication; la régularisation est donc aussi importante parce qu'elle agit de façon qu'on se passe de la surveillance d'un ouvrier qui pourrait bien faire défaut, que par l'avantage que peuvent procurer la fixité du niveau et l'introduction continuelle du liquide alimentaire.

Nous avons donc dû nous attacher à la combinaison d'une pompe qui évitât les inconvénients des autres, et dont le fonctionnement fût des plus certains; nous avons ensuite rattaché le service de cette pompe de sorte qu'il fût réglé par l'eau dépensée au fur et à mesure de la dépense : nous allons entrer dans les divers détails de notre appareil alimentaire.

POMPE ALIMENTAIRE.

(Planche III.)

Nous avons supprimé, dans notre pompe alimentaire, les soupapes à l'aide desquelles fonctionnent les anciennes pompes, nous leur avons substitué un mouvement de tiroir qui fonctionne avec rectitude.

Un piston A pénétre dans un cylindre B et refoule l'eau qu'il contient par les ouvertures *i* qui communiquent à la chaudière. Le cylindre ou corps de pompe B a des saillies tournées qui glissent comme tiroirs sur des parties correspondantes, sur l'enveloppe C dont tout l'intérieur est en communication avec la chaudière par une des ouvertures *i*. Le piston A expulse l'eau du corps de pompe, jusqu'à ce qu'il soit arrivé en D; il utilise alors le restant de la course à faire glisser le corps B comme tiroir sur l'enveloppe C, de manière à mettre les ouvertures du bas en communication et à intercepter, au contraire, celles du haut.

Les ouvertures du bas servent à l'aspiration. Le piston A, en se relevant, la déterminera, et le corps de pompe sera de nouveau rempli jusqu'à ce que par ce mouvement son rebord rencontre la partie supérieure du corps de pompe; alors le même excès de course le remet, en l'élevant, en communication avec les premières ouvertures et intercepte celles d'aspiration.

Comme on peut le remarquer, le piston n'agit plus relativement au corps de pompe lorsqu'il le fait fonctionner comme tiroir; cette disposition était nécessaire pour éviter une compression dans l'intérieur du corps de pompe pendant le croisement des ouvertures, inconvénient qui aurait eu lieu si le piston n'avait pas alors terminé l'expulsion du liquide.

Nous avons dit que l'intérieur de l'enveloppe C était en communication avec la chaudière, il s'y trouve par conséquent la même pression. Cette pression se reporte sur le corps de pompe, en raison des surfaces qui agissent comme tiroirs, et cause un frottement qui peut neutraliser l'action du piston sur le corps de pompe, qui cherche à le faire descendre.

On sait que, dans ces circonstances, le frottement est exprimé par le dixième de la pression que supporte le mobile; il sera donc, dans le cas qui nous occupe, égal en kilogrammes à la surface exprimée en centimètres multipliée par le nombre d'atmosphères et divisée par 10.

La pression produite par le piston sera égale aussi à sa surface exprimée en centimètres et multipliée par le nombre d'atmosphères : la différence qu'il y a entre ces deux quantités, c'est que la première est divisée par 10 pour exprimer le frottement; et comme il doit être égal, au moins, à la puissance du piston, il faudra multiplier la surface de celui-ci par 10 pour avoir celle qui convient au tiroir, qui sera fixée alors par l'effet seul de ce frottement.

Nous n'avons cependant pas trop compté sur l'efficacité régulière de cette résistance, et nous avons fixé le corps de pompe d'une manière indépendante de son frottement.

Un taquet *r* terminé en coin pénètre dans des encoches convenablement disposées sur le corps de pompe; des ressorts *t*, dont la tension peut être réglée par des vis extérieures, poussent le

taquet dans les encoches : cette disposition cause une nouvelle
résistance, qui, combinée avec celle de la pression, détermine
invariablement les positions du corps de pompe. Les ressorts font
en outre pour effet de le maintenir appliqué sur l'enveloppe dans
le cas où la pression de la chaudière serait interceptée.

Quant au fonctionnement de la machine comme tiroir, il est
des plus certains; il est même mieux assuré que ceux qui fonctionnent pour les distributions de vapeur, attendu qu'il est sous
l'influence d'une bien plus basse température et qu'il subit une
quantité de mouvements bien moins considérable : il est d'ailleurs
continuellement plongé dans l'eau dont la présence est indispen-
sable à la conservation de semblables pièces, et qui de plus
détruit toutes chances de fuites et d'usure trop prompte.

L'exemption de toute compression et dépression du liquide
dans l'intérieur de la pompe contribue également à sa conservation. Les pompes ordinaires ont besoin, pour éviter les percus-
sions hydrauliques, de l'addition de réservoirs d'air; celles qui en
sont privées brisent quelquefois leurs tuyaux. Dans les pompes
alimentaires, par exemple, le retour du clapet ou de la soupape de
refoulement, sur son siége, produit une réaction du liquide que
rend plus sensible encore la direction contraire que lui imprime
une nouvelle injection. Ces chocs détruisent tout; les soupapes,
leurs siéges, les tuyaux, rien ne résiste à leur action répétée.

Le jeu de notre pompe évite toutes ces chances de destruction : le mouvement du tiroir qui remplace les clapets ne peut
occasionner aucune perturbation du liquide. Une seule direction
lui est imprimée, celle vers la chaudière. Il reste bien en repos
pendant l'aspiration, mais ce repos lui est acquis sans la moindre
tendance à reculer. On voit par là combien notre pompe est dans
de bonnes conditions de conservation.

INDICATEUR POUR LES POMPES ALIMENTAIRES.

Dans la plupart des circonstances on se contente, pour juger du fonctionnement d'une pompe, de l'ouverture de robinets qui éjectent dans l'atmosphère l'eau que cette pompe peut fournir; il y a là une grande différence avec l'introduction de cette eau dans la chaudière sous l'influence d'une pression : ces moyens d'épreuve, comme on doit le présumer, n'*indiquent* presque rien et sont peu utiles.

Notre indicateur, au contraire, fait juger continuellement du service de la pompe : il est placé sur le tuyau d'émission allant à la chaudière, le sens de sa rotation et sa quantité de mouvements mesurent toujours l'effet produit par l'injection.

E représente ce petit appareil construit sur le même principe que notre machine à vapeur rotative, seulement il agit ici comme turbine ; une aiguille placée à l'extérieur rend sensible le mouvement que lui transmet l'eau refoulée : s'il arrivait, par exemple, que l'eau de la chaudière pénétrât dans la pompe, le mouvement de va-et-vient de l'aiguille ferait reconnaître ce retour du liquide; son repos absolu indiquerait un non-fonctionnement. Enfin on a, par son moyen, un tableau continuel de l'intérieur de l'alimentation.

Malgré la certitude que nous avons de la marche de notre pompe, nous avons cru devoir lui faire l'application de cet indicateur; il peut, en effet, arriver qu'un tuyau bouché ou d'autres causes étrangères à la combinaison de cette pompe l'empêchent d'agir : il est très important alors d'être averti de ce temps d'arrêt avant qu'il en résulte un grand abaissement du niveau de l'eau dans la chaudière.

3

RÉGULATEUR PROPORTIONNEL DU NIVEAU D'EAU.

Les flotteurs ordinaires, qui servent dans les chaudières de machines fixes, ont, comme tous les autres appareils, le désavantage de ne donner qu'une indication incertaine, encore n'en donnent-ils pas toujours. Le flotteur proprement dit est une pierre qui supporte tous les caprices de l'ébullition, si irrégulière dans les anciens appareils ; sa tige se tord continuellement et éprouve des déformations qui l'arrêtent dans son passage par la boîte à étoupe : cette boîte à étoupe est, du reste, toujours trop serrée, où bien elle devient la cause d'une fuite de vapeur qui est considérable.

Notre flotteur c agit dans un cylindre b qui le met à l'abri des secousses de l'ébullition ; il est, en outre, d'une plus grande dimension que ceux qui existent : il glisse facilement dans son cylindre , qui laisse entre le flotteur et lui un intervalle de 5 millimètres.

Une tige d se lie à un levier ou une poulie k (voir *planche* VI, *fig.* 1re) renfermés dans l'intérieur de la chaudière, ou dans le trou d'homme l, ou enfin dans une enveloppe extérieure en communication avec la chaudière ; l'axe de ce levier ou de cette poulie passe par une boîte à étoupe dans laquelle il frotte circulairement. Ce frottement, très rapproché du centre, n'est pas le vingtième de celui qui aurait lieu par un frottement longitudinal dans une boîte à étoupe selon les dispositions ordinaires.

Rien qu'en raison des grandes dimensions du flotteur et du peu de puissance qu'exige le frottement de l'axe du levier k, on peut obtenir des indications bien précises et disposer d'une force un peu considérable. Cette force est augmentée encore par le rapport du levier fixé sur l'axe de k, qui est de 5 à 1 (*pl.* III).

Le flotteur *c* a un diamètre de 3 décimètres; son épaisseur est de 1 décim. : son volume sera, par conséquent, de 7 décim. o6. L'eau qu'il déplacera équilibrera donc un poids de 7 kilogrammes 6 décigrammes. En réduisant ce poids à 6 kilogrammes à cause du frottement de la boîte à étoupe et en le multipliant par 5, chiffre exprimant le rapport des leviers, on aura 3o kilogrammes dont on pourra disposer.

C'est avec cette puissance que les oscillations du flotteur *c* sont transmises par un système de tiges *o p r* au tiroir *J* qui est placé sur l'aspiration de la pompe, et qui oscille avec lui. On doit voir actuellement que si le flotteur s'abaisse par suite du manque d'eau, le tiroir *J* s'élèvera et découvrira l'ouverture d'aspiration. Si le flotteur s'élève, au contraire, par une trop abondante alimentation, le tiroir *J* s'abaissera et interceptera partie ou tout de la même ouverture : il résultera de ce mouvement de va-et-vient du tiroir *J* que l'aspiration se proportionnera d'après l'eau dépensée.

Le tiroir *J*, placé ordinairement dans le fond d'une bâche, n'a d'autre pression à supporter que celle du liquide; cette pression, comme on doit le penser, est de peu d'effet, et les 3o kilogrammes disponibles forment une puissance beaucoup trop considérable pour la vaincre. Ce tiroir agit sur l'aspiration de la pompe et avant que l'eau ait à subir une pression quelconque : c'est à cette dernière circonstance que nous devons la justesse et la certitude admirable du fonctionnement de notre régulateur.

Nous avons placé le poids *z*, équilibrant le flotteur, sur la dernière tige *r*. Son effet est alors de tendre toute la communication de mouvement, de telle sorte que la moindre différence de niveau est transmise au tiroir sans se perdre dans le jeu que peuvent avoir les articulations.

Comme on peut en juger maintenant, nous n'avons rien négligé pour rendre notre appareil alimentaire le plus complet et le plus certain possible. Quoique notre appareil de vaporisation n'ait rien à redouter d'un défaut d'alimentation [1]; qu'il se règle de lui-même et se passe de secours étrangers, nous y avons cependant ajouté encore, pour sécurité plus complète, un *avertisseur*. I représente ce petit appareil; dès que le flotteur s'abaissera d'une certaine quantité le tiroir lié par une tige au levier *k* découvrira l'ouverture *i* par où sortira la vapeur, qui se rendra dans l'atmosphère en faisant jouer le sifflet.

DES INDICATEURS DE LA PRESSION,

ET DES SOUPAPES DE SURETÉ.

Un point important, dans la conduite d'un appareil de vaporisation, est de pouvoir reconnaître à chaque instant l'état de la pression; les moyens, pour obtenir ce résultat, sont peu nombreux : le manomètre à air libre, pour les basse et moyenne pressions, et le manomètre à air comprimé, pour des tensions plus élevées, sont les seuls en usage dans les machines à points

[1] Les explosions pour cause de défaut d'alimentation n'ont lieu que parce qu'il reste toujours une grande quantité d'eau qu'une nouvelle alimentation ou un autre motif met en contact avec la chaleur emmagasinée : dans notre appareil, au contraire, la production n'aura lieu qu'en raison de l'eau admise à chaque coup de piston, puisque l'eau qu'il contient d'ordinaire sert à la vaporisation ou y a déjà servi.

fixes ; dans celles de locomotion on est même privé de leur service. Le manomètre à air libre exige des tubes d'une trop grande hauteur ; celui à air comprimé, par sa fragilité, n'a pu s'étendre à toutes les applications : la difficulté d'apercevoir la colonne fait qu'on le consulte moins souvent qu'on ne le devrait ; il arrive, d'ailleurs, qu'il se brise si fréquemment, qu'on néglige de le remplacer.

Dans plusieurs applications on a essayé, comme indicateurs, l'emploi de soupapes ou de pistons pressés par des ressorts ou des poids ; les machines locomotives en montrent un exemple. Mais ce ne sont là que des moyens d'avertir que la tension est arrivée au point fixé, et non un moyen de voir à quel degré de pression est élevée la vapeur. Il est vrai que le mécanicien possède plus ou moins l'habitude de ces soupapes, et qu'il en est d'assez adroits pour juger au soulèvement à la main du levier qui presse sur la soupape de quelle quantité la vapeur participe à ce soulèvement ; d'où ils déduisent la pression : mais ces moyens sont tellement imparfaits, tellement incertains, qu'on peut dire que leur effet est nul, et leur présence en quelque sorte inutile comme indicateur.

Si les moyens d'indication pour la haute pression sont si imparfaits, les moyens de sûreté ne le sont pas moins ; les soupapes employées sur toutes les chaudières ne nous semblent pas mériter ce nom : comme nous l'avons déjà dit, ce sont des moyens d'avertissement seulement.

Une soupape de sûreté est destinée à livrer passage à toute la vapeur qui se forme en plus de la tension qu'elle-même devrait limiter : ainsi, si la marche d'une machine est interrompue, la soupape devra dégager toute la vapeur qui se formera en raison de la surface de chauffe.

Or la section d'écoulement que devrait produire le soulévement d'une soupape a été déterminée déjà : elle est, par exemple, de 4 centimètres de surface pour un générateur d'une force de 6 chevaux, compte fait des contractions qui retardent la sortie de la vapeur.

Nous ne considérons comme section d'écoulement d'une soupape que sa circonférence multipliée par la quantité dont elle se lève. On sortira certainement de la vérité en supposant qu'une soupape s'écarte de 2 millimètres de son siège par l'action de la vapeur seulement[1] : eh bien, même avec ce chiffre trop élevé, le diamètre de la soupape serait encore de 63 millimétres.

Une soupape d'une grande dimension ne se souléve pas plus que celles d'une petite. Le diamètre d'une soupape pour un générateur de 3o chevaux sera donc 6 fois plus grand que celui de la soupape d'un générateur d'une force de 6 chevaux : c'est-à-dire que la section de son ouverture devra être de 2o centimétres, ou son diamètre de 3i centimétres.

Cette dimension, qui paraîtrait encore absurde étant réduite de moitié, en mettant deux soupapes, démontre que dans la pratique on ne leur donne jamais un diamètre assez grand ; cela tient surtout à ce qu'on considère comme section d'écoulement la surface même du diamètre de la soupape, ce qui nous semble erroné.

Nous rencontrons cette erreur dans plusieurs ouvrages sur les machines à vapeur. Il nous est pourtant arrivé de pouvoir élever

---

[1] Des expériences directes nous ont fait voir que les soupapes ne s'écartent jamais de leur siége de plus d'un millimétre et demi.

la tension de la vapeur depuis 4 atmosphères jusqu'à 7, malgré
le fonctionnement de deux soupapes de sûreté calculées d'après la
formule de ces ouvrages. Ce fait vient à l'appui de notre opinion,
et nous démontre qu'avec des soupapes ainsi calculées la vapeur
pourra toujours augmenter de tension malgré leur fontionne-
ment.

Nous ne doutons nullement, pour notre compte, que nous
n'eussions réussi à l'élever d'avantage, si notre appareil nous avait
permis de le faire sans danger. C'est, d'ailleurs, un fait dont la
possibilité peut être reconnue de toutes les personnes qui ont eu
pendant quelque temps une chaudière sous leurs yeux.

Les soupapes actuelles ont cela de commun avec les indicateurs qu'elles ne peuvent aussi s'appliquer à tous les appareils,
dont quelques-uns se refusent à l'usage des poids; il est vrai
qu'on leur a substitué des ressorts dont la tension se règle à
volonté et souvent *contre la volonté :* mais il est alors difficile
d'obtenir l'invariabilité convenable dans le point de fonctionnement. Les poids agissent sur les soupapes comme si la vapeur
contrebalançait continuellement leur action; ils les main-
tiennent fermées avec autant de puissance quand la vapeur
est, par exemple, à 1 atmosphère, que si elle était arrivée à un
point rapproché de la tension fixée : il résulte de cette action
quand même des poids ou des ressorts que les soupapes adhèrent
à leurs siéges, et que le repos permanent du système permet
l'oxidation des articulations; circonstances qui retardent encore
leur fonctionnement ou qui les empêchent, une fois soulevées,
de céder à toute l'action du gaz, ce qui réduit encore davantage
la section d'écoulement.

Ce n'est pas assez que ces soupapes soient presque toujours en retard de la tension lorsqu'il s'agit de se soulever, il faut encore qu'elles le soient lorsqu'il s'agit de se refermer dès que la tension s'est suffisamment affaiblie pour cela; ce nouvel inconvénient est dû à l'adhérence de la vapeur, adhérence qui est causée par le rapprochement de la soupape de son siège : elle continue ainsi à s'échapper jusqu'à ce qu'on l'ait appuyée *à la main*.

L'examen de ces nombreux inconvénients nous a déterminés à nous livrer à la recherche d'appareils assez solides et assez peu embarrassants pour qu'ils puissent avoir une application générale; nous avons voulu que l'indicateur servît à toutes les variations de tension : enfin nous sommes arrivés à la combinaison du manomètre que nous allons décrire d'abord.

INDICATEUR DE LA PRESSION. MANOMÈTRE.

(Planche IV, *figure* 1re*).*

Notre manomètre se compose d'un cylindre H qui est alaisé et reçoit un piston A tourné juste au diamètre du cylindre; un tube en fer T est fixe et communique par sa base au cylindre : le haut du tube peut s'ouvrir soit pour régler le manomètre lors de l'introduction du liquide, soit pour renouveler l'air dans le cas où son oxigène se serait combiné avec le métal. Un levier *y* articule dans une chambre M où est introduite la vapeur; l'axe du levier passe à travers une boîte à étoupe et porte au dehors l'indication de la pression au moyen d'une aiguille sur un cadran.

La vapeur admise dans la chambre M presse le piston; et celui-ci le mercure, qui va comprimer l'air contenu dans le tube T. Le piston prend ainsi une position relative à la tension de la vapeur; il descend quand elle augmente, et il remonte, repoussé par l'élasticité de l'air, quand elle s'affaiblit : ces différents mouvements sont toujours transmis à l'extérieur par l'axe du levier y.

La position du piston n'est pas relative seulement à la tension de la vapeur, mais encore au rapport qui existe entre sa surface et celle du tube. Nous donnons ordinairement au piston un diamétre double de celui du tube; il ne descendra donc, par l'effet de la pression, que du quart de la hauteur à laquelle cette même pression aura fait arriver le liquide dans le tube. Il est facile, comme on le voit, de connaître la pression par le mouvement seul du piston ou de l'aiguille, une fois que le rapport des surfaces dont nous venons de parler a été bien déterminé.

Lorsque le but de notre appareil est simplement l'indication de la pression, le piston n'a pas besoin d'être exécuté avec précision ; il peut n'être qu'un flotteur qui suivra toujours exactement les variations de niveau du mercure : mais on doit apporter plus de soin à sa confection lorsqu'on destine l'appareil à un usage plus étendu; ses dimensions doivent alors être aussi modifiées et combinées pour le résultat qu'on veut obtenir.

AVERTISSEMENT, ET APPAREIL DE SURETÉ.

La figure 2 de la planche IV indique une des applications de notre appareil manométrique : il sert d'avertissement et de moyen de sûreté.

Le levier y agit sur une tige fixée au tiroir j, le rapport des deux parties du levier y se détermine d'après le mouvement qu'il convient de transmettre au tiroir; ce rapport est tel dans le dessin que quand le piston A sera parvenu à la ligne ponctuée $c\ d$, le bord du tiroir sera juste placé au bord de l'ouverture i : le mer-

cure ou tout autre liquide sera alors monté dans le tube T jusque
vers la ligne ponctuée, et la tension sera de 5 atmosphères si c'est
du mercure qui est contenu dans le tube.

Le moindre accroissement, la tension continuant d'agir sur le
piston, déterminera donc l'ouverture du passage i par le tiroir,
qui la découvrira d'une quantité en rapport avec la pression;
ainsi, si elle s'élevait jusqu'à 6 atmosphères, le piston, qui serait
alors arrivé jusqu'en fe, aurait produit une quantité de mouvements qui reportée au tiroir j lui aurait fait découvrir entièrement
l'ouverture i dont la section est de 10 centimètres.

L'ouverture est donc découverte d'une quantité qui se met en
rapport avec la pression, et qui, par conséquent, augmente avec
elle : elle pourrait être beaucoup plus considérable que celle
que nous venons de désigner, cela tiendrait à sa longueur. On peut
d'ailleurs disposer sa forme de manière à ce qu'elle ne s'agrandisse
pas uniformément d'après le mouvement du tiroir; ainsi le premier millimètre déterminerait une section exprimée par 1, le second une autre section exprimée par 3 ou 4 et ainsi de suite : l'effet
de cette disposition serait de rendre bien plus difficile encore une
grande augmentation de la tension de la vapeur pendant le jeu
de l'appareil, inconvénient qui existe dans les anciens et que nous
avons indiqué.

Nous ne pouvons résister à notre envie de comparer ici la section
d'ouverture que nous avons indiquée, avec les dimensions qu'il
faudrait à une soupape ordinaire pour en produire une égale :
ainsi il faudrait, en supposant qu'une soupape ordinaire se sou-
levât de 4 millimètres, ce qui est de la plus grande impossibi-
lité, un diamètre de 8 centimètres; il serait de 12 centimètres,
en s'élevant de 3 millimètres; et de 16 centimètres si elle ne se

soulevait que de 2 millimétres, ce qui est encore trop considérable. Or nous défions qu'on trouve des soupapes de ces dimensions, surtout sur les chaudières à haute pression. Par exemple,
la figure 2 suppose une application à une chaudiàre de machine
locomotive; eh bien, une des plus grandes soupapes de ces appareils est de 7 centimétres de diamétre seulement : on voit par
là combien ces soupapes sont loin de remplir leur but.

Notre appareil est donc véritablement un appareil d'indication, d'avertissement et de sûreté : d'indication, puisque toutes
les tensions sont transmises au dehors avec la plus grande justesse; d'avertissement, puisque le bruit que fait la sortie de la
vapeur, une fois que le tiroir, par l'effet de la pression, a décou-
vert l'ouverture *i*, accuse le maximum de la tension; enfin de
sûreté, puisque le tiroir découvre cette même ouverture d'une
quantité d'autant plus considérable que la tension est plus forte :
avantage qui empêche nécessairement l'accumulation d'une
grande quantité de vapeur dans les chaudières, et par suite une
catastrophe.

Ces avantages ne sont pas les seuls, on doit encore leur ajouter
la manière dont ils sont obtenus. La suppression de tout poids ou
ressort, leur remplacement par l'action manométrique de l'air
comprimé, action si constante et si précise du moins comparée à
celle des poids et des ressorts, seront considérés, nous l'espérons,
comme une modification importante.

Puisque notre appareil obéit à toutes les tensions, toutes ses
parties doivent être continuellement en mouvement; ainsi le tiroir se meut à chaque instant sur son siége, et le piston dans son
cylindre. Cette conséquence de sa combinaison maintient et conserve l'ajustement de ces parties, que nous tenons, du reste,

continuellement plongées dans l'eau : la cloison u n'a pas d'autre but. L'eau contenue dans l'intérieur de l'appareil s'écoulera d'abord (excepté pour celui qui figure sur la planche Ire), mais il ne sortira que ce qui se trouve au-dessus de la cloison et dans la case du tiroir.

La seule objection que nous croyons qu'on puisse faire à notre appareil est le frottement du tiroir, la résistance que ce frottement apporte à la marche du piston modifiera son action.

Il faut d'abord remarquer que ce frottement dû à la pression y sera toujours relatif, et toujours le même pour des tensions pareilles.

Il importe cependant de mesurer ce frottement, et de connaître son influence sur la compression de l'air du tube.

La surface du tiroir pour de grands appareils sera de 80 à 100 centimètres, la pression qu'il supportera sera donc de 80 à 100 kilogrammes par atmosphère; la puissance nécessaire pour vaincre le frottement est dans cette circonstance du 10e de la pression, il faudra donc 10 kilogrammes pour 1 atmosphère et pour une surface de 100 centimètres.

Si le diamètre du cylindre est de 10 centimètres, la pression qu'il supportera sera de 81 kilogrammes; le rapport du levier y étant :: 5 : 1, le poids nécessaire sur le piston, pour vaincre la résistance du tiroir, sera de 2 kilogrammes, c'est-à-dire la quarantième partie de la puissance du piston.

Le piston indiquera donc un 40e d'atmosphère en moins de la pression effective : pour que cette différence fût d'une atmosphère il faudrait que la pression sur le tiroir fût de $81 \times 5 \times 10$,

c'est-à-dire de 4050 kilogrammes, correspondant à 40 atmosphères, tension à laquelle on n'arrive jamais dans les chaudières
à vapeur.

La seule chose qui pourrait nuire à notre système étant presque sans influence, il nous est permis d'affirmer que son fonctionnement sera des plus certains et des plus efficaces. Quelle que soit
la manière dont on l'envisage, il est au moins aussi avantageux
que ceux employés pour la basse pression ; il recevrait même avec
succès cette application. Dans ce cas il pourrait remplir un emploi de plus ; il ne faudrait pour cela que disposer le tiroir de
façon qu'en s'abaissant par la dilatation de l'air du tube (pour
le cas où la pression dans la chaudière serait inférieure à celle de
l'atmosphère) il découvrît par sa partie supérieure l'ouverture i,
par où pénétrerait l'air atmosphérique. Notre appareil servirait
ainsi pour toutes les variations imaginables que peut subir la
tension de la vapeur.

Les différents genres d'application qu'on peut faire de notre
appareil manométrique se limiteraient difficilement. Nous indiquerons seulement la facilité avec laquelle il peut régler la
marche d'une machine à vapeur, en déterminant l'ouverture
d'admission d'après la tension. Les machines à air comprimé,
employées dans divers usages, auront aussi, par son application,
un moyen bien simple et bien sûr d'obtenir une tension uni-
forme dans le cylindre, malgré le changement qu'elle subit dans
le réservoir. Il suffit dans ces deux circonstances d'une inversion
du tiroir.

RÉGULATEUR DU FOYER.

Nous terminons ce sujet par l'exposé d'une disposition qui sert à régler l'action du foyer d'une manière bien plus certaine encore que ce qu'on obtient par les procédés employés pour la basse pression.

L'usage qu'on peut faire de la puissance du piston A, qui n'est limitée que par son diamètre, rend notre appareil plus énergique que celui qui sert dans la basse pression. Lorsque la tension de la vapeur s'augmente au delà de sa limite, elle agit sur l'eau de la chaudière, qui s'élève dans une colonne en raison de la tension; elle y rencontre un flotteur qui communique avec le registre : la puissance de ce flotteur sera donc de 10 kilogrammes, si sa capacité est de 10 litres; et de 20 kilogrammes, si elle est de 20 litres : dimension qui n'est jamais dépassée. Dans notre appareil, nous pouvons disposer d'une puissance bien plus considérable, comme nous l'avons démontré: il agira donc avec plus de certitude.

Il est important, quand la vapeur est assez puissante pour faire jouer les appareils de sûreté, que cette puissance ne s'accroisse pas, ou ne continue pas à se reproduire; le seul moyen, lorsque la machine ne dépense pas de vapeur, est de suspendre l'action du foyer: or il peut arriver qu'un oubli, ou quelquefois la crainte du danger, tienne éloigné l'ouvrier qui devrait prendre ce soin; c'est à quoi nous avons voulu remédier par cette dernière application.

(Planche V, figures 1 et 2.)

Le mouvement du piston est transmis à l'extérieur par l'axe du

levier *y* au levier *a* : si la tension fixée est, par exemple, de 4 atmosphères, le levier glissera dans une coulisse de la tige *b*, de
façon à ne lui transmettre aucun mouvement jusqu'à ce que la
tension fixée soit atteinte; mais, alors, le moindre accroissement
déterminera un mouvement du levier *a*, qui, transmis à la tige
b', déterminera la rotation du registre *m*, de manière à lui faire
intercepter le tirage, et, par conséquent, à suspendre l'action du
foyer.

Un contrepoids agit sur *m* de façon à le faire profiter du mouvement inverse du levier *a*, lorsque la tension diminue; il peut
ainsi reprendre sa première position, qui laisse libre tout le
passage des produits de la combustion.

Les tiges *c'* et *d'* servent à reconnaître la position du registre.

Ainsi la vapeur ne pourra augmenter de tension, une fois
arrivée à celle fixée, soit parceque la soupape laissera sortir tout
ce qui se formera en excès, soit parceque l'action manométrique
du régulateur du foyer empêchera toute nouvelle production,
ce qui vaut infiniment mieux.

Les planches I et II indiquent les diverses applications en
ensemble.

Nous résumerons ici les principaux effets produits dans notre
appareil.

D'abord par le générateur :

Circulation par l'ébullition, — suppression de la masse d'eau,
— frottement de l'eau sur les parois de chauffe, — destruction

de l'adhérence des globules et division mécanique de l'eau par leur interposition, — renouvellement successif et par couches très minces de l'eau en contact avec les parois génératrices, — courant longitudinal de l'eau à son retour, — circulation de la vapeur, — séparation définitive de l'eau et de la vapeur, — le réservoir de vapeur doublé, — excès de température de la vapeur pour sa dessiccation et pour son refroidissement dans les tuyaux et dans les cylindres;

Et par les parties accessoires :

Alimentation certaine, — indication de l'alimentation, — régularisation de l'alimentation, — indication continuelle de la pression, — avertissement, — émission de la vapeur en excès, — régularisation du foyer.

DE QUELQUES APPAREILS DE VAPORISATION
COMPARÉS AVEC LE NOTRE.

Ce que nous avons dit de la marche de la vaporisation dans notre appareil explique pourquoi nous n'y avons pas ajouté de bouilleurs. Notre but a été d'utiliser immédiatement toute la chaleur que la surface de chauffe peut absorber et transmettre; de telle sorte qu'il n'y eût jamais de calorique libre, dont la combinaison spontanée cause selon nous les explosions les plus terribles.

On a vu que nous arrivons à ce résultat important, par la circulation que nous avons établie dans le liquide; circulation qui rend l'opération de la vaporisation très énergique, en utilisant tout le calorique : or les bouilleurs nous paraissent peu propres à produire cet effet.

Les bouilleurs sont ordinairement horizontaux, et entièrement pleins d'eau; ils sont réunis, vers l'une de leurs extrémités, à la chaudière au moyen d'une tubulure par où passe toute la vapeur qui se génère dans sa longueur: cette tubulure se trouve presque toujours au-dessus du foyer.

L'action du foyer et des produits de la combustion est directe, les bouilleurs sont entièrement immergés dans ces produits. La partie qui est placée au-dessus du foyer en reçoit une chaleur très vive; il s'y produit, par conséquent, une grande

effervescence par l'ébullition, et la vapeur qui en résulte s'é-
lève dans la tubulure en traversant ou en refoulant l'eau qu'elle
doit contenir. Celle qui se dégage dans le reste de leur longueur doit, par cette cause, arriver difficilement jusqu'à la chaudière principale, puisque la vapeur qui se dégage au-dessus du
foyer et qui a à vaincre la pression du liquide contenu dans le
bouilleur, dans la tubulure de jonction à la chaudière et dans
la chaudière, la repousse nécessairement.

La vapeur formée dans une grande partie de la longueur des
bouilleurs y séjourne donc; il ne peut en outre y avoir aucune
espéce de circulation du liquide : cet inconvénient a été senti par
divers constructeurs, aussi ont-ils essayé, et nous parmi eux, d'en
établir une, en y injectant l'eau d'alimentation. Les résultats de
cette précaution ne nous ont pas paru sensibles, et n'empêchent
pas que la vapeur ne soit stagnante par l'inertie de la masse
horizontale du liquide.

Nous regardons donc les bouilleurs comme devant être de
peu d'effet pour la production de vapeur; ils sont, par conséquent, nuls aussi quant à la sécurité, puisque leur effet doit
être d'offrir une grande résistance, en raison de leur petit diamètre, en produisant toutefois une grande quantité de vapeur
par leur immersion complète dans le feu, immersion qui serait
sans danger.

Or notre conviction est que la présence de la vapeur sur les
parois génératrices doit suspendre l'émission de leur calorique :
la production en sera donc affectée; et les produits pyrophores
n'auront pas à transmettre de leur chaleur à ces parois ou du
moins le feront incomplétement, et en élevant la température
du métal à un point dangereux.

Nous pourrions citer nos observations faites dans un établissement qui employait trois générateurs de la force de trente chevaux. Deux de ces générateurs avaient des bouilleurs, le troisième en était dépourvu; toutes les chaudières étaient de même diamétre et de même longueur, il y avait donc une surface de chauffe plus considérable aux appareils garnis de bouilleurs : malgré cet avantage, la génération de la vapeur était plus immédiate et plus abondante dans celui qui était composé d'une chaudière seulement.

Nous étions à cette époque grands partisans du système à bouilleurs, et nous ne nous sommes rendus à l'opinion contraire qu'après avoir conduit nous-mêmes le feu sous ces appareils.

Nous connaissons un système de chaudière à bouilleurs qu'on dit très économique; mais les tubes sont verticaux : l'inventeur de ce système a en outre eu la bonne idée d'établir une circulation dans le liquide; c'est à cette circulation qu'il faut attribuer l'économie de combustible dans cet appareil, économie à laquelle nous croyons d'autant mieux qu'elle nous paraît la conséquence d'un principe vrai.

Du reste, les avantages des chaudières à bouilleurs n'ont jamais été constatés d'une manière sérieuse; il semble, au contraire, que leurs inconvénients commencent à être plus généralement aperçus, du moins c'est ce que semblent indiquer les grandes dimensions qu'on leur donne maintenant : peut-être aussi doit-on tenir compte de la répulsion que nos concurrents d'outre-mer éprouvent pour ce système, répulsion assez forte pour que les exemples d'application manquent presque totalement.

On a fait en Amérique, en Angleterre, en France, de nombreux essais dans le but de produire la vapeur dans des tubes ou des sphères d'un petit diamètre et pleins d'eau ; ces essais sont curieux et utiles comme expérimentation : mais ces tentatives ont été infructueuses quant à leur application dans l'industrie. Peut-être pouvons-nous nous permettre, en raison des noms qui se rattachent à ces faits, d'en conclure que c'est dans un autre principe qu'on doit chercher des modifications avantageuses ; nos expériences du moins nous autorisent à le croire.

Le tableau suivant indique les principales quantités comparées d'un appareil ordinaire et d'un appareil modifié.

	CHAUDIÈRE ORDINAIRE.	NOUVELLE CHAUDIÈRE.
Diamètre....	0.08	0.08
Longueur en mètres	5	5
Surface de chauffe sur l'eau	6	7.50
Surface de chauffe sur la vapeur	»	3.50
Surface de chauffe totale	6	11
Capacité totale en litres	2500	2500
Quantité d'eau	1450	400
Espace pour la vapeur	1050	2100
Quantité d'eau vaporisée par heure	180	252
Charbon consommé par heure en kilogram..	24	24
Force en chevaux	6	8.4

Il ne faut pas perdre de vue que ces chiffres sont basés sur les expériences comparatives que nous avons faites en petit et peu-

dant trois à quatre mois sur deux chaudières d'égales dimensions;
mais n'eussions-nous obtenu que l'inexplosivité, ce serait encore
un résultat important. Ce qu'il y a de constant pour nous c'est
que la sécurité de notre appareil (même mis en dehors de tous les
moyens accessoires que nous y avons appliqués) doit ressortir de
la comparaison des chiffres de ce tableau, ne fût-ce que de ceux
qui expriment la grandeur du réservoir de vapeur dans l'un et
l'autre.

Nous donnons aussi comme conséquence certaine de notre
système qu'il produit une grande augmentation de la puissance
de vaporisation. Seulement il peut paraître douteux que ce soit
sans une plus forte dépense de combustible, comme nous l'indiquent nos essais ; toujours est-il qu'à égalité de dimensions nous
pouvons produire une plus grande quantité de vapeur.

Tels sont les résultats auxquels nous ont conduits nos recherches sur l'inexplosivité. Guidés par l'étude des phénomènes que
produit l'acte de la vaporisation, et secondés par les circonstances
qui se rencontrent seulement dans une longue pratique, nous
avons pu arriver sûrement mais lentement au but que nous nous
étions proposé.

APPLICATION DE NOTRE NOUVEL APPAREIL

A LA NAVIGATION.

C'est surtout en variant les applications d'un système, qu'on
peut juger de son mérite. Celles que nous allons indiquer feront
ressortir les avantages du nôtre.

L'économie du combustible ne tire pas toute son importance
d'une moindre dépense quotidienne; le poids et le volume de la
masse du charbon, qu'elle retranche des approvisionnements
nécessaires, peut avoir une grande influence sur la navigation
au long cours et sur la locomotion terrestre. L'inexplosivité a
aussi une grande importance; car les dangers des voyages mari-
times sont assez nombreux, pour qu'on se trouve heureux de
n'avoir pas à y ajouter celui d'une explosion. La conservation
des personnes qui habitent un navire, celle du navire lui-
même et des marchandises qu'il contient, sont des motifs assez
puissants pour qu'on préfère les appareils qui, à cet égard,
sont les meilleurs. La planche VI', fig. 1re, est une coupe,
par les foyers, d'une chaudière à basse pression, dite rect-
angulaire; le flotteur est en rapport avec une poulie renfermée
dans une boîte en communication avec la chaudière : un levier
extérieur, par un système de tige et de levier, conduit au régulateur, et lui transmet les oscillations qu'il reçoit de l'axe de la
poulie.

La figure 2 indique une coupe, par le foyer, d'une chaudière
cylindrique et à haute pression. La figure 3 est une coupe en plan
de cette chaudière.

La planche VII donne les coupe et plan de la chaudière de la
figure 1re, planche VI.

Outre les avantages généraux inhérents à notre appareil, il y en
a encore de particuliers pour la navigation. D'abord, la quantité
d'eau contenue dans notre chaudière n'est que la quarantième
partie de celle qu'exigent les chaudières ordinaires. Cette dimi-
nution du poids de l'eau peut être remplacée par l'équivalent en
charbon.

Le roulis, le tangage et l'inclinaison du navire pendant sa marche, déplacent le niveau de l'eau dans la chaudière, quelques-unes des parois exposées au feu ne sont plus alors recouvertes par le liquide : cet inconvénient peut avoir des résultats fâcheux. Nous pensons que notre chaudière neutraliserait cet effet du mouvement des navires; l'ébullition y est assez énergique pour que le liquide qu'elle lance, dans l'intervalle, en atteigne les extrémités, quelle que soit la position du vaisseau.

Nous avons encore pu voir par nos essais que les sédiments, dans notre chaudière, étaient entraînés par le mouvement que produit l'ébullition dans l'intervalle. Ces sédiments projetés dans la vapeur, à un état très divisé, y restent en suspension et sont expulsés de la chaudière lors de l'émission de la vapeur : cette observation nous a conduits à expérimenter avec des eaux saturées de différents sels, et ces sels ont été entraînés comme nous l'avions espéré. On conçoit l'avantage que la navigation maritime retirerait de l'absence de dépôt de matières salines.

Quant à nos moyens de sûreté, d'avertissement, et de régularisation, ils sont essentiellement applicables aux chaudières des navires. Nous indiquons dans la planche VI, fig. 2, un manomètre servant d'indicateur aux deux chaudières, de soupape d'avertissement et de sûreté, et de régulateur, pour les foyers. La figure 1ʳᵉ n'indique que le flotteur et la communication de mouvement au régulateur du niveau d'eau.

APPLICATION

AUX CHAUDIÈRES DES MACHINES LOCOMOTIVES.

Les variétés d'application dans l'emploi des chaudières modifient leurs formes et leur construction; les chaudières des locomotives en sont un exemple frappant: elles sont combinées d'une manière particulière; la nature des matières qui entrent dans leur confection a été déterminée par les effets qu'il a fallu obtenir.

Nous avons aussi étudié la vaporisation dans ces sortes de chaudières, et nos observations sont venues corroborer notre opinion basée sur d'autres recherches. Ainsi les phénomènes que nous avons pu remarquer sont semblables à ceux qui se produisent dans notre appareil; seulement ils y sont dirigés et régularisés, tandis que, dans les chaudières dont nous parlons, leur présence n'est qu'accidentelle.

Les chaudières de locomotives ont des inconvénients qui leur sont propres, nous avons voulu les faire disparaître par l'application de notre nouvel appareil. Le plus sensible de ces inconvénients consiste dans la perte de l'eau de la chaudière, qui s'élance avec la vapeur dans les cylindres de la machine; cette eau reste à l'état liquide et n'a, par conséquent aucune force élastique, bien que sa température soit celle de la vapeur.

Nous attribuons cette perte d'eau au peu d'espace qui est réservé à la vapeur dans ces chaudières; cet espace, quand il est trop petit, influence la production de vapeur de manière à faire naître ce phénomène. Voici comment nous l'entendons :

La quantité de vapeur qu'il faut fournir aux cylindres, pour chaque pulsation de la machine, comparée à celle contenue dans le réservoir, est très considérable; il en résulte des dépressions qui déterminent un dégagement de vapeur qui est d'autant plus brusque que l'eau reçoit l'action très vive (800° au moins) de la chaleur que lui transmettent la chambre à feu et les tubes qui constituent la surface de chauffe. Il se fait donc, à chaque émission de vapeur, une ascension effervescente de globules qui traversent l'eau, la réduisent en mousse, et en entraînent une grande partie qui ne peut se précipiter, attendu qu'elle suit l'impulsion de la vapeur qui se rend immédiatement dans les cylindres.

Cette interposition des globules nous semble démontrée par l'exhaussement du niveau de l'eau, qui a lieu dès qu'on met les machines en train; cet exhaussement est très sensible dans les chaudières de locomotives, et ne peut s'effectuer que parce que les globules augmentent le volume du liquide.

Nous avons pensé qu'en agrandissant le réservoir de vapeur nous remédierions à cette perte d'eau; ce qui nous a portés à faire l'application de notre bassin, qui dans ce cas peut doubler au moins ce réservoir.

La figure 1, planche VIII, indique les principales dispositions de cette modification : la vapeur entre dans le bassin a par la tubulure n, comme dans les figures des planches I et II; elle remonte dans la chambre M par la tubulure n', et elle ressort de cette chambre par la prise de vapeur qui conduit aux cylindres.

On peut voir, par cette figure, que la vapeur circule comme dans l'appareil (pl. I et II); l'eau sera précipitée par les mouvements du gaz, si elle ne l'a pas été déjà par d'autres dispositions que nous indiquerons.

Nous renvoyons aux légendes pour les autres parties, nous ferons remarquer seulement ici l'application de notre appareil alimentaire : B est la pompe, *j* le régulateur, *c* le flotteur, *k* levier qui rattache le régulateur au flotteur.

Un autre inconvénient, auquel nous avons voulu remédier par notre bassin *a*, n'est pas, nous le pensons, sans influence sur la puissance de ces générateurs ; nous voulons parler de la disposition des tubes, qui ne nous semble pas convenable. On a pu remarquer que le plus grand nombre des tubes par lesquels passent tous les produits de la combustion sont placés dans la partie la plus haute de la chambre à feu (on n'a qu'à supposer, pour cela, 100 tubes enfermés dans un espace triangulaire, dont le sommet serait dans la partie inférieure et la base en dessus); d'un autre côté les parties des produits de la combustion les plus élevées en température le seront également en niveau, dans cette chambre, et pourront presque toutes s'écouler par les tubes qu'elles y trouvent en nombre suffisant pour cela : c'est donc, relativement à la chaudière, dans la partie supérieure que passera la quantité de produits pyrophores la plus considérable en cube et en température.

Les autres tubes, placés d'ailleurs près du combustible, sont donc presque sans utilité, soit parceque les produits de la combustion les évitent, soit parceque ce qu'ils peuvent en saisir a moins de température; il suit de là que les couches inférieures du liquide sont soumises à une température bien plus basse que les couches supérieures : or il conviendrait que ce fût le contraire qui eût lieu pour que l'eau, par sa translation ascensionnelle et

l'agitation qui en résulte, rendît l'absorption de la chaleur plus
active ; au lieu de cela toute l'eau contenue dans le bas du vase
y séjourne en raison de sa pesanteur spécifique, et de plus ne
participe pas à la formation de la vapeur.

Notre bassin, par la disposition des tubes qu'il exige, en a
placé le plus grand nombre dans la partie inférieure ; la figure
que leur ensemble détermine est celle d'un écusson dont les
cornes sont en dessus, quelques tubes seulement sont placés dans
cette partie : les figures 1 et 2, pl. VIII, indiquent cette disposition.

Les modifications les plus simples sont souvent celles qui ont
le plus de résultats ; ce qu'on a remarqué d'un déplacement de
la prise de vapeur dans les nouvelles locomotives en est une
preuve, l'effet de ce déplacement est une économie de combustible. On l'a attribuée à tort au moindre frottement de la vapeur
dans les tuyaux, qui sont réduits en longueur par le rapprochement du régulateur fixé actuellement près des cylindres. En effet,
la prise de vapeur dans les premières machines était placée dans
le dôme M qui se trouvait au-dessus de la boîte à feu ; cette partie
de la chaudière est en cuivre rouge : la conductilité et le pouvoir
émissif de ce métal, joints à l'action du foyer excessivement vive
à cet endroit, y détermine une production bien plus énergique et effervescente qu'ailleurs. L'eau entraînée par le dégagement de la vapeur est donc plus abondante ; et comme la
tubulure n, qui conduit, pour ces appareils, la vapeur dans les
cylindres, se trouve ajustée dans le dôme, l'eau y entre immédiatement avec la vapeur et se perd avec elle.

Nous tenions à bien démontrer la présence continuelle de l'eau,
conservant son état liquide, dans la vapeur ; cela donne de l'im-

portance à l'agrandissement du réservoir, dont l'effet, dans cette circonstance, est non seulement de donner plus de sécurité, mais encore de produire une économie soit par l'eau qu'on ne perd plus, et qu'il fallait remplacer par de nouvelles injections à une basse température, soit parce que la disposition des tubes dispense plus convenablement le calorique dégagé du foyer.

Si on se reporte actuellement à ce que nous avons dit des effets produits par l'agitation de la vapeur, on concevra combien il est impossible qu'elle conserve encore des parties liquides après avoir subi tant de mouvements en sens inverses; l'eau en suspension sera précipitée par ces mouvements dans la chaudière ou le bassin : si c'est dans le bassin, elle deviendra une ressource alimentaire pour le cas où le besoin d'une grande quantité de vapeur ne permettrait pas d'alimenter avec l'eau du tender; pour cela, un jeu de robinets et de tuyaux servirait à extraire cette eau du bassin, et à la restituer à la chaudière, en lui conservant sa température. L'alimentation se ferait ainsi sans occasionner aucune perte de force et sans refroidissement.

Nous avons placé notre prise de vapeur à l'extrémité de la chaudière, vers les cylindres; la production de la vapeur est dans cet endroit moins effervescente. Nous l'avons placée horizontalement, dans cette position le tiroir reste mieux appliqué et se dérange moins souvent. Le levier qui y communique est extérieur; on peut ainsi en vérifier l'état à chaque instant : les figures 1 et 2, pl. VIII, indiquent aussi cette disposition. L'axe du tiroir est très court, et fonctionne sans torsion; la bielle, qui agit en tirant ou en foulant, vient sur le devant de la chaudière, pour s'y rattacher à un levier à l'aide duquel on gouverne facilement le régulateur.

Nous avons supposé deux portes de petites dimensions, pour l'introduction du combustible; on pourra ainsi le jeter plus également sur la grille. La figure 3, pl. VIII, indique en outre un moyen à l'aide duquel on peut l'introduire sans qu'il soit possible d'occasionner, par la porte, l'entrée de l'air froid ; cette disposition peut présenter quelques avantages.

La planche IX donne deux coupes en bout, l'une par le foyer et l'autre par le milieu de la chaudière; on peut se rendre compte, par ces deux figures, de la disposition des tubes.

La figure 1, même planche, indique l'application de notre appareil manométrique; ces divers effets peuvent y être utilisés comme régulateur du foyer, et comme soupape de sûreté ou d'avertissement.

LÉGENDE.

PLANCHES I ET II.
APPAREIL DE VAPORISATION.

a Bassin ou écusson mis à l'intérieur des chaudières.

b Cylindres creux rivés sur le bassin *a* de manière que l'eau ne pénètre
   pas dans son intérieur. C'est dans ce cylindre que joue le flotteur.

c Flotteur.

d Tige du flotteur.

k Levier mu par la tige du flotteur; il est fixé sur un axe qui passe par
   une boîte à étoupe : cet axe est dans le trou d'homme pour la figure 1, pl. I et III; dans une enveloppe de poulie, pl. VI ; et dans le
   dôme, pl. VIII.

j' Tiroir du régulateur alimentaire.

l Trou d'homme.

E Indicateur de la pompe alimentaire.

l' Dôme.

M Chambre à vapeur.

H Cylindre de l'appareil manométrique.

A Piston de l'appareil manométrique.

T Tube manométrique en fer.

y Levier rattaché au piston A.

j Tiroir de sûreté mu par le levier *y*.

c' Levier du régulateur du foyer.

b' Tige du régulateur du foyer.

m Régulateur rotatif du foyer.

f Premier carnau.

g Deuxième carnau.

h Troisième carnau.

q Conduit à la cheminée dans lequel agit le régulateur du foyer.

r' Cheminée.

PLANCHE III.

APPAREIL ALIMENTAIRE.

POMPE.

A Piston plongeur.

B Corps de pompe mobile.

C Enveloppe du corps de pompe.

D Extrémité inférieure du corps de pompe.

r Taquet d'arrêt.

l Ressorts.

i Sortie d'émission allant à la chaudière.

E Indicateur continu de la pompe.

RÉGULATEUR.

c Flotteur.

b Tige du flotteur.

k Levier du flotteur.

o Tige liée à un levier fixé sur l'axe du levier *k*.

p r Tiges allant au tiroir.

j' Tiroir régulateur.

Z Contrepoids du flotteur.

I Sifflet à vapeur fonctionnant par le flotteur.

PLANCHE IV.

APPAREIL MANOMÉTRIQUE.

M Chambre à vapeur.

H Cylindre alaisé.

A Piston.

T Tube en fer.

y Levier dont l'axe communique au dehors.

j Tiroir.

i Ouverture et tuyau d'émission.

u Cloison conservant l'eau.

PLANCHE V.

RÉGULATEUR MANOMÉTRIQUE DU FOYER.

M Chambre à vapeur.

H Cylindre alaisé.

A Piston.

T Tube.

y Levier.

c' Levier fixé sur l'axe du levier y.

b' Tige allant au régulateur.

m Régulateur.

c' d' Tiges pour manœuvrer à la main.

PLANCHES VI, VII, VIII ET IX.

Comme pour les planches I et II.

PARIS. — IMPRIMERIE DE JULES DIDOT L'AINÉ, BOULEVART D'ENFER, 4.